Govindasamy Agoramoorthy

O taco de fruta de Salim Ali

Govindasamy Agoramoorthy

O taco de fruta de Salim Ali

Ecologia e conservação

ScienciaScripts

Cover image: www.ingimage.com

This book is a translation from the original published under ISBN 978-3-659-86918-1.

Publisher:
Sciencia Scripts
is a trademark of
Dodo Books Indian Ocean Ltd. and OmniScriptum S.R.L publishing group

120 High Road, East Finchley, London, N2 9ED, United Kingdom
Str. Armeneasca 28/1, office 1, Chisinau MD-2012, Republic of Moldova, Europe
Managing Directors: Ieva Konstantinova, Victoria Ursu
info@omniscriptum.com

Printed at: see last page
ISBN: 978-620-8-56491-9

Prefácio

"Sinto que não sou nada sem a vida selvagem. Eles são as estrelas.
Sinto-me estranha sem eles"- Bindi Irwin

A Índia é uma terra de diversidade de vida selvagem, uma vez que alberga três grandes hotspots de biodiversidade, como os Ghats Ocidentais, os Himalaias e as regiões da Indo-Birmânia. Estes hotspots de biodiversidade suportam uma enorme diversidade de vida selvagem, incluindo várias espécies endémicas. Os glamorosos elefantes, rinocerontes, leões e tigres têm merecido uma atenção considerável por parte dos conservacionistas indianos, mas os morcegos têm sido largamente ignorados. Os morcegos frugívoros tropicais desempenham um papel importante na manutenção dos ecossistemas das florestas tropicais. A polinização das flores e a dispersão de sementes de árvores, arbustos e trepadeiras fazem parte da sua função no ecossistema. Além disso, os excrementos dos morcegos nas grutas sustentam um ecossistema delicado composto por organismos invulgares.

Os morcegos são os únicos mamíferos capazes de voar verdadeiramente. Existem cerca de 1000 espécies de morcegos em todo o mundo e diz-se que tiveram origem numa das mais antigas espécies sobreviventes. O fóssil mais antigo, *Icaronycteris,* é do início da era Eocénica, há 50 milhões de anos, e este fóssil pouco difere dos morcegos que vemos atualmente. Os morcegos pertencem à ordem *Chiroptera,* que significa "mão-asa"; tem duas subordens: *Megachiroptera* e *Microchiroptera*, suportadas por vários géneros.

Os pertencentes à subordem *Microchiroptera* são os pequenos morcegos insectívoros. Têm olhos pequenos e orelhas grandes, e produzem ultra-sons superiores a 15 kHz, não audíveis ao ouvido humano. Utilizam a ecolocalização para navegar e apanhar insectos. A subordem

São os morcegos frugívoros de grande porte, com olhos grandes e atentos, olfato apurado e orelhas pequenas em relação ao tamanho do corpo. Em geral, não produzem ultra-sons; no entanto, os pertencentes ao género Rousettus possuem um sistema primitivo de ecolocalização; emitem um estalido audível através da boca.

A Índia alberga cerca de 100 espécies de morcegos, incluindo 12 morcegos frugívoros, como o morcego frugívoro fulvo *(Rousettus leschenaulti),* a raposa voadora indiana *(Pteropus giganteus), a* raposa voadora de Nicobar *(P. faunulus),* a raposa voadora das ilhas *(P. hypomelanus), a* raposa voadora de Blyth *(P. melanotus), morcego* frugívoro de focinho curto *(Cynopterus sphinx), morcego* frugívoro de cara de cão *(C. brachyotis), morcego* frugívoro de Ratanaworabhan *(Megaerops niphanae), morcego* frugívoro de Salim Ali *(Latidens salimalii), morcego* frugívoro de Blanford *(Sphaerias blanfordi), morcego* do amanhecer *(Eonycteris spelaea)* e morcego frugívoro de língua comprida das colinas *(Macroglossus sobrinus).* Infelizmente, os dados sobre a situação, a densidade populacional e a ecologia de muitas destas espécies são limitados devido à falta de estudos de campo.

Realizei estudos sobre morcegos no meu estado natal de Tamil Nadu, na Índia, e concentrei-me em duas espécies em particular: a raposa voadora indiana comum e o morcego da fruta de Salim Ali, menos conhecido. Percorri 720 km^2 em três distritos, nomeadamente Nagai, Thanjavur e Thiruvarur. Encontrei apenas 9 colónias de raposas voadoras. O tamanho das colónias variava entre 100 e 1 200 morcegos. Monitorizei duas colónias perto de Sirkali durante 12 meses. Devido à caça intensiva, a população destas colónias baixou de 1000 para 700 numa delas e de 650 para 450 na outra.

As pessoas podem pensar que os morcegos são sujos e portadores de doenças. Persiste o mito de que todos os morcegos são portadores de raiva. No entanto, as estatísticas mostram que apenas 0,5% dos morcegos são portadores de raiva. Os morcegos mordem apenas em auto-defesa, pelo que não representam qualquer ameaça para as pessoas. Produzem apenas uma cria por ano, pelo que são vulneráveis à extinção local. A raposa voadora pode pesar até 1 kg e a sua carne é considerada uma iguaria. Há uma crença de que a carne de morcego é capaz de curar a asma. O declínio da população durante o meu estudo mostra que a caça está a afetar um dos maiores morcegos frugívoros da Índia. Se a caça continuar, estes intrigantes morcegos extinguir-se-ão. Há relatos de casos de declínio drástico da população, ou mesmo de extinção, de certas espécies de morcegos frugívoros, devido à caça no Sudeste Asiático e nas ilhas do Pacífico.

Os morcegos frugívoros de Salim Ali são muito mais esquivos do que a raposa voadora com que passei cerca de um ano nos Ghats Ocidentais. Um exemplar desta espécie foi recolhido pela primeira vez na cordilheira de High Wavy, em Tamil Nadu, em 1948. O naturalista britânico Hutton tinha-o identificado por engano como o morcego-da-fruta de nariz curto. Em 1970, Thonglongya, conhecido mamólogo, reexaminou o espécime e descobriu que se tratava de uma nova espécie de um novo género endémico do sul da Índia. Esta espécie foi então baptizada como *Latidens salimalii* em homenagem à lenda da ornitologia indiana, Salim Ali. Tive o privilégio de trabalhar com Salim Ali durante a década de 1980 para monitorizar as aves migratórias no santuário de Point Calimere. Este morcego entrou para o Livro Guinness dos Recordes Mundiais em 1993 como um dos três morcegos mais raros do mundo.

Observei os morcegos frugívoros de Salim Ali numa gruta na floresta tropical adjacente à reserva florestal de Megamalai, em Tamil Nadu, na Índia, a uma altitude de 1.000-1.175 metros. Contei cerca de 250 morcegos frugívoros de Salim Ali quando saíram da sua gruta ao anoitecer. Vi alguns deles a apanharem frutos da floresta e a levarem-nos para as grutas, para os comerem lá. No passado, os trabalhadores do sector imobiliário matavam estes morcegos. A crença popular local é que a carne de morcego pode curar doenças do sistema respiratório. Depois de eu ter iniciado o trabalho de investigação, a população local apercebeu-se da importância da conservação dos morcegos e comprometeu-se a não os perturbar. Isto é significativo, tendo em conta o facto de estes morcegos raros viverem em propriedades privadas, pelo que não estão abrangidos pela proteção legal. Assim, a sobrevivência futura destes morcegos depende apenas da boa vontade do proprietário e dos trabalhadores da propriedade.

Parte da antipatia para com os morcegos deve-se ao facto de estes comerem frutos, prejudicando assim a produção da indústria frutícola. Embora não existam relatórios científicos autenticados sobre a extensão dos danos causados pelos morcegos frugívoros às culturas de rendimento na Índia, parece que esses danos são mínimos quando comparados com os danos causados por outros animais. Os relatórios indicam que os elefantes e os javalis causam grandes danos às culturas no sul da Índia. Animais como os langures, macacos, gaur, veados, lebres, esquilos e pavões causam danos mais extensos às culturas do que os morcegos frugívoros.

Os morcegos na Índia estão delicadamente equilibrados na escala da sobrevivência. As atitudes em relação aos morcegos, os mitos sobre eles, a caça imprudente, a perturbação do habitat e a falta de proteção legal estão a afastar os morcegos de uma verdadeira oportunidade de sobrevivência. É essencial educar o público sobre os morcegos , explicando o seu papel no ecossistema e desfazendo os mitos. Pouco se sabe sobre o estado da população de muitas espécies de morcegos, pelo que os biólogos podem criar grupos de observação de morcegos. A Lei de Proteção da Vida Selvagem da Índia precisa de ser revista para alargar a proteção a todas as espécies de morcegos frugívoros e a outros morcegos insectívoros raros. Este livro será útil para alcançar o objetivo final de proteger todas as espécies raras de morcegos na Índia.

Govindasamy Agoramoorthy, Ph.D.

Professor de Investigação Distinto

Universidade de Tajen, Yanpu, Pingtung, Taiwan &

Tata Visiting Chair, Fundação Sadguru, Gujarat, Índia

Correio eletrónicoprofagoramoorthy@yahoo.com

ÍNDICE DE CONTEÚDOS

Dedico este livro a

Três grandes almas que partiram

Os meus pais,

Shri Marimuthu Govindasamy & Smt Ammakannu Govindasamy, e

A minha irmã mais velha,

Sra. Govindasamy Angalammai

Pelas suas bênçãos e amor incondicional

Capítulo 1 Memórias da selva

A terra e o céu, os bosques e os campos, os lagos e os rios, a montanha e o mar são excelentes mestres e ensinam a alguns de nós mais do que alguma vez poderemos aprender com os livros" - John Lubbock

Introdução

Cresci no delta do Cauvery, em Thenpathy, situado no extremo sul da cidade de Sirkali, no Estado de Tamil Nadu, no sul da Índia. Sirkali está associada ao lendário santo hindu do século VII, Thirugnana Sambandar. Começou a cantar canções literárias em Tamil ainda muito jovem. Quando a minha mãe quis ter um filho homem, rezou a Agoramoorthy, uma das 64 formas de Shiva, num templo próximo em Tiruvengadu. Na sequência das orações da minha mãe, eu nasci e, por isso, chamaram-me "Agoramoorthy". Só alguns amigos conseguiam pronunciar o meu nome corretamente, por isso chamo-me "Moorthy", uma alcunha.

Vida na aldeia

A minha aldeia não tinha eletricidade nem indústrias durante a minha infância. Os chamamentos dos gaios-azuis e dos periquitos-rosas que se aninhavam nos nossos coqueiros eram o meu despertador para avisar o nascer do dia. Os gritos das corujas dos celeiros avisavam-me da hora de ir para a cama. Gostava de nadar com os amigos no afluente do sagrado rio Cauvery que passava por trás da minha quinta. Quando estava no 4º ano, faltei às aulas durante uma semana e nadei diariamente no Cauvery com os meus amigos até o meu pai nos encontrar. Esse foi o único dia em que o meu pai me castigou e, por isso, ficou triste durante meses. Embora o meu interesse em nadar no Cauvery tenha terminado nesse momento, o rio sagrado parece ter influenciado a minha vida desde então. Continuei a concentrar-me nos estudos até à minha licenciatura com um doutoramento aos 26 anos.

O rio Cauvery, tal como o Ganges que corre mil quilómetros a norte, é venerado e considerado um dos rios sagrados da Índia. Segundo a lenda local, Vishnumaya, que era filha de Brahma, foi adoptada por Kavera-muni. Em devoção filial ao seu pai adotivo, Vishnumaya transformou-se num rio cuja água purificaria todos os pecados. Acredita-se que até o Ganges se junta periodicamente ao Cauvery através de uma ligação subterrânea oculta para se purificar da poluição causada pelos pecadores que se banham nas suas águas. Embora o meu amor de infância pelo rio Cauvery tenha permanecido adormecido durante décadas, só recentemente me apercebi da grandeza do rio, quando fui estudar o Grande Anicut no delta do Cauvery.

Dos correios à floresta

Depois do liceu, fiz a licenciatura em zoologia e o mestrado em biologia da vida selvagem na Universidade de Madras. Queria ver mais do mundo, por isso fui para longe, para o Rajastão e para a Universidade de Jodhpur, para fazer uma investigação de doutoramento em primatologia, em vez de ficar no sul da Índia, onde consegui um emprego público no Departamento de Correios e Telégrafos. Eu era um dos 14 jovens selecionados para o emprego de escriturário e o Governo escolheu-nos porque tínhamos tido boas notas na universidade. Seguro, mas aborrecido de morte, decidi dedicar-me ao estudo da natureza. Quando contei isto ao superintendente da Central Telegráfica de Salem, em Tamil Nadu, ele perguntou-me porque é que eu tinha decidido deixar um emprego seguro com pensão. Respondi-lhe com uma pergunta: "Como é que acabou como superintendente? Ele afirmou com orgulho que tinha começado como escriturário e que, finalmente, tinha acabado na sala com ar condicionado como superintendente - tudo isto em 25 anos! Mesmo assim, segui em frente, pensando que o mundo é definitivamente maior do que os correios.

Duas décadas mais tarde, conheci o meu colega de liceu, Natarajan, que era um aluno brilhante e um orador eloquente; fui recrutado juntamente com ele para o trabalho nos correios. Fiquei chocado quando o vi a fazer piquetes em frente à estação de correios de Sirkali com os seus camaradas, exigindo ao Governo um aumento de salário! Vários estudantes brilhantes que obtiveram distinções no liceu e na faculdade, como Natarajan, receberam do Governo um emprego de secretária. Embora tenha aliviado a pobreza de algumas famílias, tornou-se um obstáculo ao crescimento de outras, que poderiam ter contribuído mais para a sociedade se tivessem tido a oportunidade de prosseguir estudos superiores. Jawaharlal Nehru escreveu, com razão, na sua autobiografia de 1946: *"Dos nossos milhões de pessoas, quão poucos recebem qualquer tipo de educação; quantos vivem à beira da fome... se a vida lhes abrisse as portas e lhes oferecesse comida e condições de vida saudáveis, educação e oportunidades de crescimento, quantos, entre esses milhões, seriam eminentes cientistas, pedagogos, industriais e artistas, ajudando a construir uma nova Índia e um novo mundo".*

Um outro colega de escola, Chandra Mohan, disse-me que não eram muitos os jovens que viviam na pobreza que tinham a coragem de se demitir de um emprego público para se aventurarem no desconhecido em nome da investigação. Disse-me sem rodeios que eu era uma pessoa que corria riscos. Eu disse-lhe que a vida está cheia de milagres codificados com riscos. De facto, continuo a correr riscos para explorar o novo, o exótico e o desconhecido. Naturalmente, o meu pai achou que eu era muito louco por deixar um emprego no governo para vaguear pelo deserto. Mas deixei-o na mesma em 1982 e fui explorar a beleza das aves com o lendário ornitólogo indiano Salim Ali.

Perseguir um sonho selvagem

Quando comecei a observar os fascinantes langures de Hanuman nas selvas de Mudumalai, no sul da Índia, para o trabalho de tese de mestrado em 1980, tive um sonho louco - estudar macacos e símios nas selvas impenetráveis de África, da América do Sul e do Sudeste Asiático! As selvas tropicais albergam vários tipos de primatas estranhos que vão desde os pequenos saguis até aos grandes chimpanzés. Mas eu não tinha fundos nem o apoio de doadores para levar a cabo uma missão tão selvagem e impossível. Mas o sonho transformou-se gradualmente em pensamento e continuou a ecoar na minha mente de forma errática.

A oportunidade surgiu no inverno de 1982, quando recebi uma carta do principal primatologista da Índia, SM Mohnot (conhecido por SM). Tomei conhecimento de SM através de Mangalraj Johnson, que era guarda da vida selvagem e supervisionou o meu trabalho de tese de mestrado sobre os langures de Hanuman no Santuário de Mudumalai. Johnson é um reputado naturalista e silvicultor, tendo sido pioneiro na investigação sobre a vida selvagem no Estado de Tamil Nadu. Inspirou muitos biólogos de campo, incluindo eu. Quando recebi a carta de SM, estava a trabalhar como assistente de investigação de Salim Ali na Sociedade de História Natural de Bombaim (BNHS) - o meu trabalho consistia em colocar faixas de aves migratórias no Santuário de Point Calimere, no sul da Índia, um paraíso para as aves migratórias. Mas eu gostava mais de observar os macacos-prego na floresta do que as aves migratórias. A mera semelhança entre macacos e humanos motivou o meu interesse em tornar-me primatologista. Então, despedi-me dos meus amigos do BNHS, Sugathan, Bala, Balu, Faizi e outros. Fiz as malas e contei ao meu pai sobre a minha viagem a Jodhpur para estudar macacos. Mas a pergunta dele intrigou-me: "Precisas de ir até à fronteira do Paquistão para ver macacos, quando eles vão diariamente à tua quinta? Ele estava a apontar para um grupo de macacos-bonnet que costumava invadir a minha quinta. Mas eu mal tinha resposta para a sua estranha pergunta e fui-me embora.

Enquanto viajava de Sirkali para Jodhpur, via centro/norte da Índia, vi a extensão da Índia e fiquei espantado com a sua enorme dimensão - quilómetros e quilómetros de natureza selvagem com quase nenhuma gente. O comboio durou três dias até eu aterrar em Jodhpur. Vestindo uma t-shirt em dezembro e sem conhecer a variedade do inverno do norte da Índia, esperei na estação de comboios até que SM me viesse receber; eu era o seu primeiro aluno do sul da Índia. Depois de me ver a lutar contra a brisa fria, cedeume o seu casaco que me aqueceu de imediato.

Quando SM me atribuiu um tema de doutoramento para estudar o comportamento reprodutivo dos langures de Hanuman, disse-lhe que o meu interesse era explorar o infanticídio - a morte de macacos bebés por novos machos do grupo. Ele estava relutante e disse que seria difícil observar o infanticídio. Mas, perante a minha insistência, permitiu que eu prosseguisse o meu objetivo. Arranjou a minha estadia no albergue da universidade, a 15 quilómetros de distância do macaco mais próximo. Mas eu queria ficar perto dos macacos e encontrei uma gruta perto dos langures onde vivia um santo local. Com a sua autorização, vivi lá enquanto seguia os langures. Era um sítio maravilhoso - a gruta era quente no inverno e fresca no verão - melhor do que os hotéis de luxo. O santo dava-me de vez em quando comida e fruta. Andei com os langures e acabei por conseguir registar mais de uma dúzia de casos de infanticídio entre os langures de Hanuman . Posteriormente, também testemunhei infanticídio entre os bugios vermelhos na Venezuela, macacos proboscídeos no Bornéu e chimpanzés em África - o que constituiu um recorde mundial e desafiou a popular hipótese da estratégia sexual masculina evoluída proposta por um zoólogo de Harvard.

Da Ásia à África e à América do Sul

Observar a vida selvagem à volta de Jodhpur era intrigante, mas o que me fascinava era a água no deserto. Quando eu era pequena, a minha família costumava ir buscar água ao poço da nossa casa e também a uma bomba manual que se encontrava no meu quintal. Sempre que bebia água do pote de barro, era fria e boa. Pensava que as pessoas em todo o lado tinham poços e bombas nas suas casas que continham toda a água de que precisavam. Enquanto vivi nos arredores de Jodhpur, vi mulheres a caminhar diariamente quilómetros para ir buscar água. Eu também acabei por andar um quilómetro para ir buscar água e aprendi a tomar banho com um pequeno balde de água. Só comecei a respeitar a água depois de chegar ao deserto.

De Jodhpur, fui para os EUA e depois para África, América do Sul e Sudeste Asiático. Também viajei muito pelas florestas da América do Norte, Europa, Austrália e Nova Zelândia. Assim, realizei o meu sonho de ver as remotas florestas tropicais impenetráveis da região da Alta Guiné, em África, a selva amazónica, na América do Sul, e a floresta tropical do Bornéu, na Ásia. Após o meu doutoramento, tornei-me diretor do Projeto de Reintrodução de Chimpanzés na Libéria em 1987. Fui o primeiro biólogo de campo a efetuar levantamentos de primatas da floresta e de galinhas-d'angola de peito branco na Libéria. Entre 1988 e 1995, fui cientista visitante no Smithsonian Institution nos EUA e dirigi a investigação de campo sobre biodiversidade e vida selvagem na Venezuela. Conduzi o primeiro estudo científico para determinar o estado da população de primatas em Trinidad & Tobago, nas Índias Ocidentais. Entre 1995 e 1996, realizei uma pesquisa de campo para determinar o estado da população de bugios-pretos e dourados na Argentina.

Enquanto estava no Smithsonian Institution, conheci a Minna durante um curso de formação em vida selvagem e casámos posteriormente; temos filhas, Evaline e Debora. Estou muito grato à Minna - a minha investigação de campo em três continentes tropicais não teria sido possível sem o seu constante encorajamento, inspiração e apoio. Na última década, realizei estudos de campo sobre conservação ambiental na Malásia, Tailândia, Singapura, Indonésia, Vietname, Camboja, China, Taiwan e Índia. Desde 2003, sou Professor de Investigação Distinto na Universidade de Tajen, Taiwan, onde dirijo um grupo de investigação. Faço parte da direção de vários grupos de defesa do ambiente e de revistas científicas a nível mundial. Desde 1998, sou presidente do Comité de Ética e Bem-Estar da Associação de Zoos do Sudeste Asiático e continuo a avaliar as normas de bem-estar nos jardins zoológicos e parques recreativos do Sudeste Asiático.

Porquê morcegos?

Comecei por estudar as aves e depois passei para os macacos e símios. Posteriormente, comecei a concentrar-me mais nos aspectos do ecossistema e da biodiversidade. Mas, de alguma forma, nunca me ocorreu fazer investigação sobre morcegos até um dia em que Minna visitou a minha cidade natal. Viu alguns morcegos a voar ao anoitecer perto da minha casa e perguntou-me quantas espécies de morcegos existem na sua cidade. Eu não tinha resposta para a sua pergunta. Por isso, montei o ninho de neblina no meu quintal e, em poucas horas, capturámos e libertámos oito espécies de morcegos, incluindo o morcego frugívoro de nariz curto. Surpreendido pela elevada diversidade de espécies de morcegos na minha aldeia, decidi explorar mais sobre o estado da população dos morcegos da Índia, frequentemente ignorados.

Referências sugeridas

Agoramoorthy, G. 2008. Animal Welfare. Assessing Animal Welfare Standards in Zoological and Recreational Parks in South East Asia (Avaliação das normas de bem-estar animal em parques zoológicos e recreativos no Sudeste Asiático). Daya Publishing House, Delhi, pp. 228.

Agoramoorthy, G. e Hsu, M.J. 1999. Reabilitação e libertação de chimpanzés numa ilha natural. Os métodos são prometedores também para outros primatas. *Journal of Wildlife Rehabilitation* 22: 3-7.

Agoramoorthy, G. e Hsu, M.J. 2005. Ocorrência de infanticídio entre macacos probóscides selvagens em Sabah, norte de Bornéu. *Folia Primatologica* 76: 177-179.

Agoramoorthy, G. e Hsu. M.J. 2008. Pequenas dimensões, grande potencial. Barragens de controlo para o desenvolvimento sustentável. *Ambiente: Science and Policy for Sustainable Development* 50: 22-35

Agoramoorthy, G. e Mohnot, S.M. 1988. Infanticídio e juvenilicídio em langures de Hanuman nos arredores de Jodhpur, Índia. *Human Evolution* 3: 279-296.

Agoramoorthy, G. e Rudran, R. 1995. Infanticídio por machos adultos e subadultos em macacos bugios vermelhos de vida livre na Venezuela. *Ethology* 99: 75-88.

Ali, S. 1985. *The fall of a Sparrow (A queda de um pardal).* Oxford University Press, Bombaim.

Nehru, J. 1946. *The Discovery of India.* The Signet Press, Calcutá.

Capítulo 2 Introdução aos morcegos

"A existência contínua da vida selvagem e da natureza selvagem é importante para a qualidade de vida dos seres humanos"- Jim Fowler

Porque é que os morcegos são únicos?

O morcego é o único mamífero capaz de voar verdadeiramente. Cerca de um quarto das espécies de mamíferos são morcegos. Encontram-se em todos os continentes, com exceção da Antárctida, onde é demasiado frio para sobreviverem. Até à data, foram identificadas cerca de 950 espécies de morcegos no nosso planeta. São animais de sangue quente e as mães morcego alimentam as suas crias com leite. Em geral, empoleiram-se em locais não perturbados. Os morcegos são animais sociais e a maioria das espécies forma colónias de maternidade temporárias em locais isolados durante a época de reprodução. Durante muito tempo, os morcegos foram mal compreendidos em todo o mundo. No entanto, o interesse em compreender os morcegos tem vindo a aumentar nos últimos tempos. A maioria dos morcegos é altamente benéfica para as pessoas. Um pequeno morcego *Pipistrelle* pode apanhar 600 mosquitos numa hora e pode comer até 3000 insectos por noite. Cerca de 20 milhões de morcegos de cauda livre mexicanos que se empoleiram em Bracken Cave, no Texas, EUA, podem comer até 250 toneladas de insectos por noite.

Os morcegos frugívoros tropicais desempenham um papel importante nos ecossistemas das florestas tropicais. Polinizam as flores e dispersam as sementes de inúmeras árvores, arbustos e trepadeiras. Plantas agrícolas como as bananas, as mangas e os cajus dependem dos morcegos frugívoros para a polinização. Os excrementos dos morcegos nas grutas sustentam um ecossistema delicado composto por organismos invulgares. Os morcegos são animais limpos e limpam-se frequentemente. Persiste o mito de que todos os morcegos são portadores do vírus da raiva.

Apenas menos de um por cento dos morcegos contraem raiva, que normalmente mordem em auto-defesa e não representam qualquer ameaça para as pessoas que não os manuseiam. Os morcegos são extremamente vulneráveis à extinção, uma vez que são um dos mamíferos de reprodução mais lenta para o seu tamanho; a maioria dos morcegos produz uma cria por ano.

Os morcegos ignorados da Índia

A Índia é um dos 25 hotspots de mega-biodiversidade que alberga as eco-regiões mais ricas e altamente ameaçadas do mundo. Representa 5,2% das plantas conhecidas e 4,3% dos animais do mundo. Cerca de 75 espécies de mamíferos da Índia são consideradas globalmente ameaçadas pela União Mundial para a Conservação da Natureza. A diversidade de espécies de morcegos também é rica na Índia, com 100 espécies, incluindo 12 espécies de morcegos frugívoros. Só no Estado de Tamil Nadu, existem cerca de 33 espécies de morcegos.

Animais glamorosos como o elefante, o rinoceronte, o leão e o tigre têm merecido uma atenção considerável em termos de conservação, mas os morcegos têm sido ignorados até à data. A Lei de Proteção da Vida Selvagem da Índia não estende o estatuto de conservação aos morcegos e, de facto, considera, em geral, todos os morcegos frugívoros como vermes ou pragas. O estatuto, a distribuição e a ecologia de várias espécies de morcegos não são claramente conhecidos. O rápido aumento da pressão da população humana, a desflorestação em curso, a caça ininterrupta, a perturbação dos locais de repouso, a utilização extensiva de pesticidas na agricultura e a perseguição direta pelas pessoas podem criar uma situação crítica para a sobrevivência das espécies de morcegos na Índia. Uma vez que se sabe muito pouco sobre as mais de cem espécies de morcegos existentes na Índia, as autoridades não consideram que sejam necessárias medidas de conservação dos morcegos.

Como classificar os morcegos?

Os morcegos pertencem à ordem *Chiroptera,* que significa "mão-asa" (Figura 2.1). A asa de um morcego é muito semelhante à de uma mão humana ou de um macaco, com quatro dedos e um polegar, mas os dedos do morcego são alongados e cobertos por uma membrana. Os biólogos acreditam que os morcegos podem ter evoluído a partir de um mamífero insectívoro semelhante a um musaranho, que podia planar de árvore em árvore. No entanto, esta hipótese ainda não está comprovada, uma vez que não existem provas fósseis de ligação. Um dos fósseis mais antigos, o *Icaronycteris*, é do início do Eoceno e tem pelo menos 50 milhões de anos; dificilmente difere dos morcegos modernos!

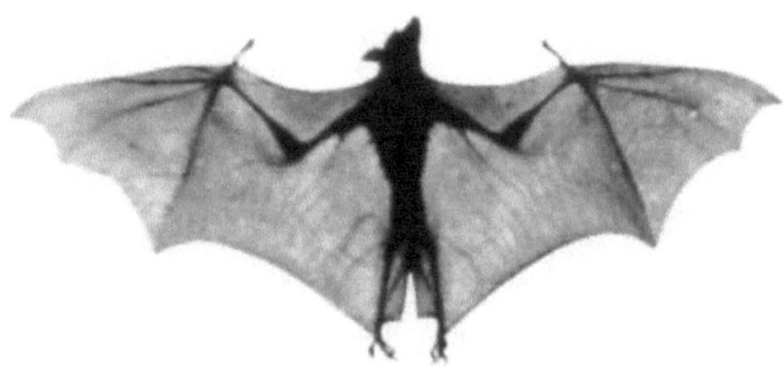

Figura 1.1: A raposa voadora indiana em voo.

A ordem *Chiroptera* está dividida em duas subordens, nomeadamente *Megachiroptera* e *Microchiroptera*, e está organizada em 177 géneros e 17 famílias. Em Tamil Nadu, foram registadas cerca de 33 espécies de morcegos, agrupadas em 8 famílias e 16 géneros. Os morcegos pertencentes à subordem *Microchiroptera* são frequentemente conhecidos como micro-morcegos ou morcegos insectívoros. Estes morcegos têm olhos pequenos e orelhas grandes. Produzem ultra-sons que os ouvidos humanos não conseguem ouvir. Dependem da "ecolocalização" para navegar e apanhar as presas de insectos. Evitam facilmente os obstáculos na sua trajetória de voo. A maioria dos micro-morcegos alimenta-se de insectos como as traças, enquanto alguns são especializados em comer peixe, lagarto, rã ou rato. Os morcegos pertencentes à subordem *Megachiroptera* são também conhecidos como mega-morcegos ou morcegos frugívoros. São morcegos de grande porte, com olhos grandes e orelhas pequenas em relação ao tamanho do corpo. Não produzem ultra-sons para navegar ou encontrar alimento. Em Tamil Nadu, a sub-ordem *Megachiroptera* compreende uma única família, *Pteropodidae* (morcego frugívoro do Velho Mundo), com 4 géneros e 5 espécies. Estes morcegos alimentam-se de frutos, folhas, flores e néctar. Os morcegos frugívoros do género *Rousettus* (também encontrados na Índia) têm um sistema de ecolocalização mais primitivo, emitindo sons de clique audíveis através da boca.

Quão pequenos e enormes são os morcegos?

O maior morcego frugívoro da Índia é a grande raposa voadora *(Pteropus vampyrus)* que ocorre nas ilhas Andaman e Nicobar. Este grande morcego frugívoro tem uma envergadura de 6 pés e pode pesar até 1,2 kg. O segundo maior morcego da Índia e o maior do estado de Tamil Nadu é a raposa voadora indiana *(Pteropus giganteus),* que pesa até 1,1 kg. Há 40 anos, eram muito comuns nas aldeias de toda a Índia. Mas a sua população está a diminuir devido à alteração do habitat e à caça furtiva. O morcego mais pequeno do mundo é o morcego de nariz de porco de Kitti *(Craseonycterus thonglongyai)*, que pesa apenas 2 g e tem poucos centímetros de envergadura. Este é considerado um dos mamíferos mais pequenos do mundo. Na Índia, o morcego mais pequeno é o morcego pigmeu indiano *(Pipistrellus tenuis)*, que pesa cerca de 3-4 g; também ocorre em Tamil Nadu.

Onde é que eles se escondem e vivem?

Os morcegos vivem numa grande variedade de habitats, da floresta tropical ao deserto e dos campos agrícolas às cidades movimentadas. Selecionam locais de repouso livres de inimigos humanos e outros inimigos naturais. Empoleirar-se significa ficar e a maioria das espécies de morcegos empoleira-se em pequenos grupos com poucos indivíduos ou em grandes grupos de vários milhares, por vezes muitos milhares. Normalmente, passam o dia a descansar no seu "poleiro diurno" e saem depois do pôr do sol para procurar alimento. Durante a procura de alimentos, também passam algum tempo a descansar no poleiro diurno ou noutra zona conhecida como "poleiro noturno". No entanto, regressam aos seus locais de repouso diurno algumas horas ou alguns minutos antes do nascer do sol, uma vez que só se alimentam durante a noite. Na maior parte do dia, encontram-se nos seus locais de repouso.

Figura 2.2: O voador indiano empoleirado numa árvore de neem em Tamil Nadu, Índia.

As raposas voadoras empoleiram-se normalmente em áreas abertas, como ramos de árvores de grande porte (Figura 2.2), enquanto outros morcegos frugívoros se empoleiram em buracos de árvores, grutas ou edifícios abandonados. Os morcegos insectívoros preferem empoleirar-se em fortalezas, templos, casas abandonadas, túneis e grutas. Alguns dos morcegos insectívoros também se empoleiram em casas utilizadas ativamente pelas pessoas, mas escondem-se bem em zonas escuras, como fendas, intervalos entre telhas, buracos de madeira, buracos de bambu, etc. Alguns destes morcegos insectívoros marcam diariamente o seu local de repouso com urina. Quando se vêem morcegos empoleirados, notam-se as marcas escuras de urina. Nas noites de lua nova, os morcegos passam mais tempo a procurar alimentos e a realizar outras actividades. Mas durante as noites de lua cheia, evitam a maior parte das horas claras da noite para descansar. Este tipo de fobia lunar tem como principal objetivo evitar os predadores noturnos, como as corujas.

O que é a ecolocalização?

Todos os morcegos são noturnos e só estão activos à noite. Os morcegos insectívoros produzem sons ultra-sónicos e utilizam uma técnica espantosa chamada "ecolocalização" para navegar em voo e encontrar as suas pequenas presas insectos voadores na escuridão. Não utilizam a visão para localizar as suas pequenas presas insectos. Os morcegos conseguem detetar até um pequeno objeto da dimensão de um cabelo durante o voo. Emitem sons de alta frequência (mais de 15 kilohertz) que os ouvidos humanos não conseguem ouvir. Um morcego emite normalmente o som de ecolocalização através da sua boca e o som viaja até atingir um objeto ou um inseto. As ondas sonoras voltam então para os ouvidos do morcego. Utilizando o ponto de referência onde as ondas sonoras atingem e ressaltam, o morcego pode obter um mapa mental do que o rodeia. Se o objeto for o seu alimento, o morcego voa em direção à onda para apanhar a presa com a boca. Consegue distinguir facilmente entre a presa e o obstáculo na sua trajetória de voo. Com base neste conceito, os cientistas inventaram o radar para detetar objectos voadores como aviões e para navegar submarinos em oceanos profundos.

Como é que os morcegos encontram o seu alimento?

Os morcegos frugívoros possuem duas caraterísticas avançadas para encontrar o seu alimento: o olfato apurado e uma poderosa visão nocturna. Não utilizam a ecolocalização, mas sim os seus grandes olhos e o seu olfato eficiente para voar em direção aos frutos e às flores. Conseguem distinguir facilmente entre frutos maduros e imaturos. Algumas espécies de morcegos frugívoros arrancam frequentemente os seus alimentos e levam-nos para o seu poleiro, mastigam e engolem as partes moles e rejeitam os resíduos. Por exemplo, os restos de frutos e sementes podem ser facilmente observados sob os poleiros das palmeiras dos morcegos frugívoros de nariz curto nas aldeias.

O que é um morcego vampiro?

Existem três espécies de morcegos vampiros, todas encontradas na América Central e do Sul, e estes morcegos são pequenos, ao contrário do que é retratado nos filmes. Estes morcegos são tímidos, mas a sua dieta inclui sangue. Atualmente, os cientistas estão a estudar o potencial dos morcegos vampiros para a investigação médica e, por exemplo, a sua saliva está a ser testada como anticoagulante para doentes cardíacos.

O que é o guano de morcego?

Os excrementos dos morcegos são designados por "guano" e muitas pessoas não compreendem os efeitos do guano de morcego. O guano de morcego, a menos que seja encontrado em cavernas quentes e húmidas onde residem milhões de morcegos, é inofensivo. Na verdade, é um excelente fertilizante quando utilizado em jardins e campos agrícolas. Em grandes quantidades, e em condições áridas, um fungo pode crescer no guano de morcego e, se for perturbado, as pessoas podem inalar os esporos.

Isto pode causar sintomas semelhantes aos da gripe, chamados *"histoplasmose"*. No entanto, pode evitar-se esta situação utilizando uma máscara de alta qualidade para filtrar os esporos de fungos.

Os morcegos podem ser mantidos como animais de estimação e quanto tempo vivem?

Não, os morcegos não são bons animais de estimação, tal como não o são uma ave selvagem ou um macaco. Os morcegos foram concebidos para serem criaturas selvagens e não se tornaram domesticados como os cães e os gatos. Um morcego em cativeiro é certamente muito infeliz, está stressado até ao limite e provavelmente não sobreviverá à sua vida natural. Por isso, por favor, deixe os morcegos na natureza e tente protegê-los no seu habitat natural. Diferentes espécies de morcegos vivem diferentes períodos de tempo. Os morcegos insectívoros mais pequenos podem viver até 35 anos, o que é relativamente longo quando comparado com o seu pequeno tamanho. As raposas voadoras maiores, no entanto, podem viver entre 15 e 25 anos.

Porque é que os morcegos se penduram de cabeça para baixo?

Os morcegos adaptaram-se para viver em cavernas à medida que evoluíram e, nas cavernas, não há ramos ou áreas onde se possam sentar de cabeça para baixo. Assim, os morcegos não tiveram outra alternativa senão pendurarem-se de cabeça para baixo. Se se pendurassem pelos polegares, o que é possível à primeira vista, não poderiam despir-se nem limpar-se. Outra vantagem de se pendurarem de cabeça para baixo é o facto de muitos morcegos se poderem amontoar para conservar o calor do corpo, o que é benéfico para os morcegos que vivem em climas mais frios.

Como é que se pode ajudar os morcegos?

Há dois problemas principais que ameaçam o futuro dos morcegos: as atitudes humanas em relação aos morcegos e as perturbações do habitat. A proteção eficaz dos morcegos envolve alguns passos simples. Em primeiro lugar, as pessoas precisam de ser informadas sobre os morcegos para mudarem as suas atitudes. Pode falar aos outros sobre os benefícios e a singularidade dos morcegos e pode também desfazer mitos para tornar claro que os morcegos são bonitos e não perigosos. Em segundo lugar, pode planear projectos de conservação de morcegos e tentar proteger os locais de repouso dos morcegos na sua área. Por último, pode criar uma apreciação do habitat natural e da sua importância para a sobrevivência dos morcegos e de outros seres vivos. Os morcegos não só comem toneladas de insectos todas as noites, como também polinizam plantas, dispersam sementes e fornecem alimento aos predadores naturais. Ao ensinar aos outros sobre os morcegos, pode ajudar a proteger os morcegos e o seu ambiente natural em Tamil Nadu, bem como no resto da Índia.

Referências sugeridas

Allen, G.M. 1962 Bats. Dover Publications, Nova Iorque.

Altringham, J. 1996 Bats: Biology and Behavior (Morcegos: Biologia e Comportamento). Oxford University Press, Oxford.

Fenton, M.B. 1983 Just Bats. University of Toronto Press, Toronto.

Hill, J.E., e Smith, J.D. 1984 Bats: A Natural History. University of Texas Press, Austin. Kunz, T.H. 1982. Ecology of Bats. Plenum Press, Nova Iorque.

Nowak, R. 1991 Walker's Mammals of the World. Johns Hopkins University Press, Baltimore.

Wilson, D.E. 1997 Bats in Question: The Smithsonian Answer Book. Smithsonian Institution Press, Washington, DC.

Capítulo 3 Morcegos do Estado indiano de Tamil Nadu

"Os animais não são propriedade ou "coisas", mas sim organismos vivos, sujeitos de uma vida, que são dignos da nossa compaixão, respeito, amizade e apoio"- Marc Bekoff

Introdução

O estado de Tamil Nadu está localizado no sul da Índia (Figura 3.1). É chamado a Terra dos Tamils ou País Tamil e é um dos 29 estados da Índia. A sua capital é Chennai, que é a maior cidade do estado. Tamil Nadu situa-se na parte mais meridional da península indiana e faz fronteira com Pondicherry e com os Estados de Kerala, Karnataka e Andhra Pradesh. É delimitada pelos Ghats Orientais a norte, pelas colinas de Nilgiri, Anamalai e Kerala a oeste, pela Baía de Bengala a leste, pelo Golfo de Mannar e pelo Estreito de Palk a sudeste e pelo Oceano Índico a sul. Partilha também uma fronteira marítima com o vizinho Sri Lanka. Tamil Nadu é o $^{11°}$ maior Estado do país em termos de área e o $^{6°}$ em termos de população. O Estado é um dos maiores em termos de economia, com um PIB de 70 mil milhões de dólares. Alberga imensos recursos naturais, artes/música clássicas, literatura, antigos templos hindus, estâncias balneares e de montanha, locais de peregrinação multi-religiosos e alguns locais classificados como Património Mundial da UNESCO.

No estado de Tamil Nadu, no sul da Índia, ocorrem 33 espécies, incluindo 5 espécies de morcegos frugívoros e 28 espécies de morcegos insectívoros (Quadro 3.1). Este capítulo apresenta apenas as descrições de espécies selecionadas, com algumas fotografias baseadas na minha investigação de campo sobre morcegos realizada no passado em Tamil Nadu. Se alguém estiver mais interessado em saber pormenores sobre a biologia dos morcegos, pode consultar os textos relacionados com os morcegos listados em Referências sugeridas ou consultar os sítios Web listados em "conservação dos morcegos".

Figura 3.1: Mapa do Estado de Tamil Nadu, no sul da Índia.

Quadro 3.1: Morcegos do Estado de Tamil Nadu, Índia

Family	Genus	Species	Common name
	Pteropus	*Pteropus giganteus*	Indian flying Fox
	Rousettus	*Rousettus leschenaulti*	Fulvous fruit bat
Pteropodidae	*Cynopterus*	*Cynopterus sphinx*	Short-nosed fruit bat
		Cynopterus brachyotis	Lesser dog-faced Fruit bat
	Latidens	*Latidens salimalii*	Salim Ali's fruit bat
Rhinopomatidae	*Rhinopoma*	*Rhinopoma hardwickei*	Lesser mouse-tailed bat
		Rhinopoma muscatellum	Small mouse-tailed bat
Emballonuridae	*Taphozous*	*Taphozous longimanus*	Long-winged tomb bat
		Taphozous melanopogan	Black-bearded tomb bat
		Taphozous nudiventris	Naked-rump tomb bat
		Taphozous saccolaimus	Pouch-bearing bat
Megadermatidae	*Megaderma*	*Megaderma lyra*	Greater false vampire bat
		Megaderma spasma	Lesser false vampire bat
Rhinolophidae	*Rhinolophus*	*Rhinolophus rouxii*	Rufous horseshoe bat
		Rhinolophus lepidus	Blyth's horseshoe bat
Hipposideridae	*Hipposideros*	*Hipposideros ater*	Dusky leaf-nosed bat
		Hipposideros cineraceus	Least leaf-nosed bat
		Hipposideros fulvus	Fulvous leaf-nosed bat
		Hipposideros speoris	Schneider's leaf-nosed bat
Molossidae	*Tadarida*	*Tadarida aegyptiaca*	Egyptian free-tailed bat
		Tadarida plicata	Wrinkle-lipped free-tailed bat
	Scotophilus	*Scotophilus heathi*	Asiatic greater yellow house bat
		Scotophilus kuhlii	Asiatic lesser yellow house bat
	Pipistrellus	*Pipistrellus coromandra*	Indian pipisterelle bat
		Pipistrellus tenuis	Indian pygmy bat
		Pipistrellus ceylonicus	Kelaart's pipistrelle bat
Vespertilionidae		*Pipistrellus affinis*	Chocolate pipisterlle bat
		Pipistrellus dormeri	Dormer's bat
	Hesperoptenus	*Hesperoptenus tickelli*	Tickell's bat
	Miniopterus	*Miniopterus schreibersii*	Schreiber's long-fingered bat
		Miniopterus pusillus	Nicobar long-fingered bat
	Harpiocephalus	*Harpiocephalus harpia*	Hairy-winged bat
	Kerivoula	*Kerivoula picta*	Painted bat

Morcego frugívoro

O morcego frugívoro *Rousettus leschenaultia* tem um comprimento médio do antebraço de 80 mm (Figura 3.2). A cor da pelagem é sedosa e castanha fulva na cabeça, no dorso e na garganta, com um ventre acinzentado. Este morcego vive em grandes colónias que podem ir de alguns a vários milhares. Empoleiram-se em grutas, edifícios abandonados, templos e túneis. Ocasionalmente, os machos solitários foram vistos a empoleirar-se na folhagem densa das árvores. À semelhança de outros morcegos frugívoros, alimentam-se de frutos, flores, folhas e néctar.

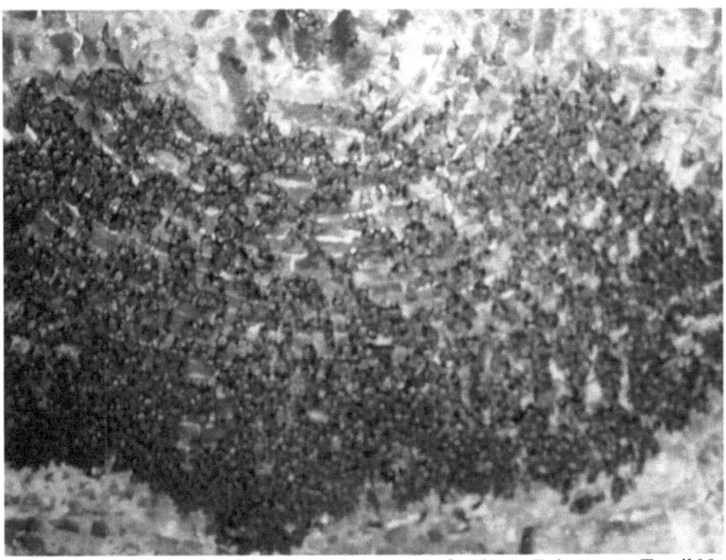

Figura 3.2: Grande colónia de empoleiramento de morcego frugívoro Fulvous em Tamil Nadu, Índia.

As fêmeas têm duas gravidezes por ano; a primeira começa em novembro e termina em março, enquanto a segunda começa após o parto e termina em julho. As fêmeas são sexualmente receptivas entre agosto e novembro. O período de amamentação dura cerca de 40 dias. As fêmeas atingem a maturidade sexual após 6 meses, mas os machos só após um ano. Estes morcegos são comuns em Tamilnadu e noutros estados da Índia.

Vimos uma grande colónia de alguns milhares de indivíduos num velho forte. No entanto, a situação exacta da população não é conhecida claramente em Tamilnadu e necessita de mais estudos de campo.

Morcego-da-fruta com cara de cão

O morcego frugívoro de cara de cão, *Cynopterus brachyotis*, é mais pequeno do que o morcego frugívoro de nariz curto, com um comprimento médio do antebraço de 60 mm. Empoleira-se em palmeiras e alimenta-se preferencialmente de frutos de goiaba. Tal como os morcegos frugívoros de nariz curto, estes morcegos também formam haréns. O macho corta e altera as vinhas e folhas de certas plantas e faz uma tenda para atrair as fêmeas. A maior parte dos machos do harém utiliza a tenda diurna como poleiro noturno. O período de gestação é de 100-120 dias e as fêmeas dão à luz um único bebé. A lactação dura de 6 a 8 semanas. Esta espécie não é tão comum nem tão amplamente distribuída como o morcego-da-fruta de nariz curto e o morcego-da-fruta fulvus. Foram registados nas florestas tropicais dos Ghats Ocidentais, em Tamil Nadu. A situação da população desta espécie não é claramente conhecida, pelo que são urgentemente necessários inquéritos e estudos ecológicos.

Morcego-de-cauda-de-rato-pequeno

O morcego-de-cauda-de-rato-pequeno, *Rhinopoma hardwickeii*, pesa cerca de 10-15 g com um comprimento médio do antebraço de 60 mm. Os morcegos deste género são os únicos que têm uma cauda quase tão longa como a cabeça e o corpo juntos. A cor da pelagem é castanho-acinzentado. Este morcego está adaptado à vida no deserto e vive frequentemente em grutas, fortalezas e edifícios desertos. O tamanho das colónias varia de poucos indivíduos a várias centenas. Estes morcegos são agressivos e as lutas são comuns na colónia. Vimos uma pequena colónia de 150 morcegos no forte de Gingee, no distrito de Villupuram, e alguns indivíduos solitários em templos no distrito de Nagai. Alimentam-se de uma variedade de insectos. O acasalamento ocorre entre o final de fevereiro e o início de março e a gestação dura cerca de 100 dias. O parto ocorre em junho ou julho e a lactação dura cerca de dois meses. Pouco se sabe sobre o estado da sua população em Tamilnadu, embora se acredite que sejam comuns na Índia. É essencial efetuar inquéritos para determinar a situação da sua população.

Morcego barbudo preto do túmulo

O morcego-dos-túmulos-de-barba-preta, *Taphozous melanopogan*, é pequeno, com um comprimento médio do antebraço de 64 mm. Os machos, a partir dos 6 meses de idade, deixam crescer uma barba preta distinta. É uma espécie altamente gregária que vive em grandes poleiros, normalmente localizados em ruínas, casas abandonadas, grutas e templos (Figura 3.3-3.4). Aderem às paredes, uma vez que a forma do seu corpo é adequada para aderir. São vistos colados nas cervizes e também pendurados de cabeça para baixo no telhado. Estes morcegos preferem os templos e já os vimos empoleirados a uma altura que varia entre 2 m e 60 m. A sua dieta é composta principalmente por insectos. O acasalamento ocorre em janeiro e o parto entre maio e junho. Registámos cerca de 1000 indivíduos numa sala escura e sem perturbações de um templo em Thirukadaiyur (distrito de Nagai); a colónia empoleirava-se apenas 2 m acima do solo. Ambos os sexos são normalmente vistos misturados na colónia diurna empoleirada. São menos agressivos, calmos e não mordem quando são manuseados. Esta espécie é comum, mas não são conhecidos pormenores sobre grandes colónias em Tamil Nadu.

Figura 3.3: Fotografia de um portal de um templo hindu em Tamil Nadu, onde várias espécies de morcegos insectívoros se empoleiram habitualmente. Os templos protegem muitas vezes os morcegos e raramente os perturbam, uma vez que as pessoas não estão autorizadas a subir aos portais.

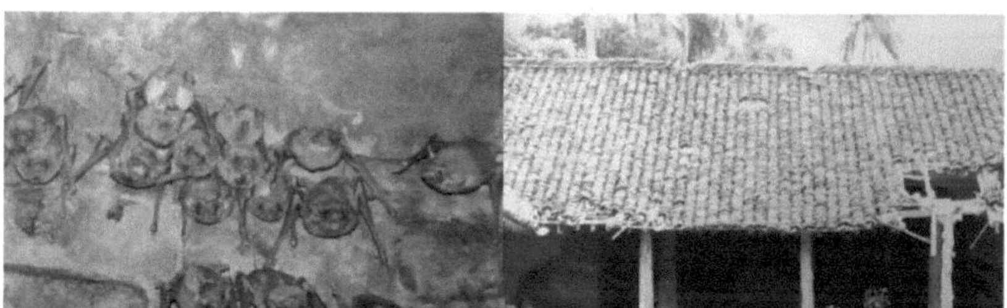

Figura 3.4: Os morcegos insectívoros também costumam empoleirar-se em casas abandonadas.

Grande morcego falso vampiro

O grande morcego falso vampiro, *Megaderma lyra*, reflecte a velha crença de que estes morcegos sugam sangue. Na realidade, estes morcegos voam baixo, perto do solo, para caçar roedores, anfíbios, invertebrados, incluindo grandes insectos, e não bebem sangue das vítimas. O seu peso é de cerca de 40-50 g, com um comprimento médio do antebraço de 66 mm. Os seus dormitórios diurnos incluem grutas, templos, fortalezas, edifícios antigos e túneis. Estes morcegos são muito tímidos e sensíveis entre todos os outros micro-morcegos de Tamil Nadu. Quando os capturámos para marcação, alguns não regressaram aos seus poleiros durante muitos dias. Vimos uma grande colónia de 500 morcegos numa casa abandonada perto de Nepathur, no distrito de Nagai. Tanto os machos como as fêmeas formam grupos e cada grupo contém 5-25 indivíduos. As cópulas foram observadas em novembro e o parto em abril.

Durante a inspeção de um local de repouso de falsos morcegos vampiros, encontrámos um adulto que tinha na boca um rato do campo indiano *(Mus booduga)* parcialmente comido. Toda a parte da cabeça e partes do corpo e da cauda estavam intactas, pelo que foi possível identificar a espécie. Também recolhemos caracóis *(Limnaea sp.)* parcialmente comidos no poleiro. Uma vez capturei uma mãe e uma cria com uma rede de neblina. Depois de marcada com uma fita colorida, a mãe fugiu deixando as crias para trás. Levámos a cria para a estação de campo, a cerca de 200 m de distância, e deixámo-la na parede. Os juvenis vocalizaram alto e continuamente. Cerca de 45 minutos depois, a mãe (com uma faixa de asa marcada) aproximou-se do muro e recuperou a cria. Aparentemente, a mãe foi capaz de a localizar através do grito de socorro produzido pela sua cria desesperada. Casos semelhantes de interações interessantes entre mães e crias e de comunicação vocal foram observados anteriormente noutras espécies de micro-morcegos. Os grandes morcegos falsos vampiros parecem ser comuns, mas são necessários estudos para estimar a sua população em Tamil Nadu.

Morcego-de-ferradura-ruivo

O morcego-de-ferradura-ruivo, *Rhinolophus rouxii*, pesa cerca de 10-12 g com um comprimento médio do antebraço de 48 mm. A variação de cor da pelagem vai do laranja ao cinzento. Esta espécie ocorre em florestas com elevada pluviosidade e empoleira-se em pequenas colónias e, por vezes, em várias centenas. A dieta é composta por traças, besouros, cupins e mosquitos. A gestação é de cerca de 150 dias e o parto ocorre entre maio e junho. Os bebés machos são mais numerosos do que as fêmeas à nascença. A lactação prolonga-se até à primeira semana de agosto. Esta espécie está amplamente distribuída na Índia e a população parece ser saudável.

Morcego-de-focinho-fino de Schneider

O morcego-de-folha-de-Schneider, *Hipposideros speoris*, pesa cerca de 12 g e tem um comprimento médio do antebraço de 50 mm. Este morcego tem uma folha nasal muito interessante, com três folíolos, dos quais o exterior é mais pequeno do que os outros dois. A cor do morcego é variável, sendo que alguns são acinzentados na face ventral, enquanto outros são castanho-amarelados ou castanho-alaranjados. Estes morcegos voam lentamente e alimentam-se de grandes insectos e também de pequenos mosquitos e moscas. O acasalamento ocorre entre dezembro e março e a gestação dura cerca de 140 dias. O parto ocorre entre maio e julho.

Quando os machos atingem a maturidade sexual, surge uma glândula almiscarada, semelhante a um pote, na região frontal da face, ausente nos jovens e nas fêmeas adultas. A glândula segrega um fluido através do qual marca a fêmea no ventre durante o acasalamento. Curiosamente, a fêmea marcada acasala apenas com um macho específico e nunca permite que outros machos sejam marcados pela segunda vez. Estes morcegos são endémicos do subcontinente indiano e estão amplamente registados no sul da Índia e no Sri Lanka. No entanto, são necessários estudos pormenorizados para estimar a situação da sua população em Tamil Nadu.

Morcego egípcio de cauda livre

O morcego egípcio de cauda livre, *Tadarida aegyptiaca*, tem um comprimento médio do antebraço de 48 mm e a sua cor varia entre o castanho claro e o castanho escuro, sendo mais pálido no lado ventral. Empoleira-se em fendas, buracos de rocha, paredes rachadas, fortes antigos, etc. Estes morcegos alimentam-se normalmente de uma grande variedade de insectos. Vivem em pequenos grupos, por vezes com algumas centenas de indivíduos. São bons planadores e rápidos no voo. As fêmeas dão à luz um único bebé. Esta espécie é considerada comum e generalizada e adapta-se a viver em vários ambientes. Pouco se sabe sobre esta espécie de Tamil Nadu e é essencial saber mais sobre ela.

Morcego asiático do género "Morcego de casa amarela maior

O morcego asiático de casa amarela maior, *Scotophilus heathii*, pesa cerca de 30-35 g, com um comprimento médio do antebraço de 60 mm e a garganta, o peito e o ventre são de cor amarelada. Este é um dos maiores morcegos insectívoros de Tamil Nadu. Ocorre em diferentes tipos de habitat, desde o nível do mar até aos 1400 m nas montanhas. Vimos várias colónias pequenas (poucas a 50) e indivíduos solitários em aldeias de Tamil Nadu. Empoleiram-se em edifícios abandonados, templos e também em buracos de árvores. Observámos uma colónia de 15 indivíduos a usar uma tenda feita de folhas de palmeira palmyra adjacente a uma colónia de morcegos frugívoros de nariz curto. Parece que os morcegos amarelos também podem fazer tendas, mas isso precisa de ser mais estudado. Houve um relatório anterior sobre o morcego-de-casa-amarelo-pequeno *(S. kuhlii)* que faz tendas nas Filipinas. Os nascimentos foram registados em abril e maio. Esta espécie foi registada como sendo comum em toda a Índia. Durante o nosso estudo, capturámos apenas 15 indivíduos e registámos algumas colónias, o que indica a sua raridade. É fundamental realizar mais estudos populacionais para compreender melhor a sua situação atual.

Referências sugeridas

Bates, P.J.J. & Harrison, D.L. 1997. *Bats of the Indian Sub-continent.* Harission Zoological Museum, Kent.

Fenton, M. B. 1992. *Bats.* Factos em arquivo, Nova Iorque.

Hill, J.E. & Smith, J.D. 1984. *Bats: A Natural History.* University of Texas Press, Austin. Kunz, T 1982. *Ecology of Bats.* Plenum Press, Nova Iorque.

Kunz, T & Racey, P.A. 1998. *Bats Biology and Conservation.* Smithsonian Institution, Washington, D.C.

Nowak, R.M. 1994. *Walker's Bats of the World.* The Johns Hopkins Press, Baltimore.

Capítulo 4 O maior morcego frugívoro da Índia - a raposa voadora

"Enquanto não se tiver amado um animal, uma parte da alma permanece por despertar"-Anatole France

Introdução

Em 2001, o Primeiro-Ministro da Índia publicou um relatório intitulado "Biotecnologia - Uma visão", que traça uma perspetiva a 10 anos das prioridades do Governo para aumentar a produção agrícola, combater as doenças e combater as deficiências nutricionais, recorrendo principalmente a novos métodos biotecnológicos. O relatório afirma igualmente que será iniciada uma documentação sistemática da biodiversidade no país, para além da proteção de ecossistemas importantes, como as faixas costeiras e os mangais. A Índia é um dos 25 hotspots das eco-regiões mais ricas e altamente ameaçadas do mundo. A biodiversidade tem sido considerada importante, mas a base científica de conhecimentos da Índia sobre a biodiversidade e as formas de lhe acrescentar valor são, infelizmente, ainda fracas.

Que quantidade de biodiversidade está o subcontinente indiano em risco de perder? Mesmo para os cientistas, esta pergunta é difícil de responder, porque se estima que cerca de 400 000 espécies são desconhecidas e cerca de 125 000 espécies descritas não são frequentemente monitorizadas, e outros elementos da biodiversidade, como genes, populações, comunidades e habitats, são igualmente difíceis de avaliar. Mesmo a estimativa da população de alguns dos macacos mais comuns, como o langur de Hanuman, o macaco-barrigudo e o macaco-rhesus, ainda não é claramente conhecida. A última grande contagem destes macacos que vivem nas florestas e nas zonas urbanas de toda a Índia foi efectuada no início da década de 1980. Infelizmente, os inquéritos são morosos e requerem muitos fundos e pessoal, e só alguns biólogos estariam dispostos a empreender tarefas tão monumentais.

Figura 4.1: Grande colónia de empoleiramento de morcego frugívoro Fulvous em Tamil Nadu, Índia.

Outro mamífero comum é o morcego, que compreende cerca de 100 espécies, incluindo 12 espécies de morcegos frugívoros no subcontinente. Mas pouco se sabe sobre o estado da população, a distribuição e a ecologia de várias espécies. Apenas os grandes mamíferos glamorosos, como o elefante, o rinoceronte, o leão e o tigre, têm recebido uma atenção considerável, mas os morcegos têm sido ignorados até à data. Até as cobras e os ratos gozam de muito mais proteção religiosa do que os morcegos. A identificação das espécies de morcegos também não é uma tarefa fácil e mesmo biólogos experientes só conseguem identificar corretamente um punhado de espécies.

Entre 5 de julho de 1997 e 31 de julho de 1998, realizámos inquéritos por curiosidade para observar morcegos, especialmente a raposa-voadora indiana, em aldeias dos distritos de Nagai, Thanjavur e Thiruvarur em Tamil Nadu, na Índia (Figura 4.1). Viajámos de carro para cobrir uma área de 720 km2, o que corresponde a 0,55% da área total dos três distritos. Depois de localizar cada colónia, contámos os morcegos nos seus poleiros diurnos e fizemos também contagens visuais enquanto emergiam ao anoitecer e regressavam ao amanhecer9. Estimámos um total de 6520 morcegos em 9 colónias (intervalo 100-1250) com uma densidade de 9,05 morcegos/km^2. Os morcegos jovens foram registados de 16 de março a 30 de maio de 1998, indicando a época de nascimento.

Sete colónias empoleiraram-se em *Ficus benghalensis*, enquanto duas outras preferiram *F religiosa* e *Avicennia marina,* respetivamente. Os morcegos empoleiravam-se a 6 a 20 m do solo em árvores *de Ficus benghalensis* e *F religiosa* em bosques sagrados com templos de importância religiosa. As pessoas da aldeia protegiam estes bosques e os caçadores não se atreviam a entrar. No entanto, os morcegos podiam ser caçados durante a noite, enquanto procuravam alimento, e as pessoas comiam-nos porque acreditavam que a sua carne curava a asma e outras doenças respiratórias, o que é semelhante ao que acontece noutros países asiáticos.

Monitorizei a população de raposas voadoras mensalmente durante um ano em duas colónias (Thirumungaichery e Thalachangadu) no distrito de Nagai. O tamanho da população de morcegos diminuiu significativamente entre julho de 1997 e julho de 1998 em ambas as colónias ($F=145,79$, $df=2,23$, $p<0,01$, Quadro 4.1) devido à caça. Também observei caçadores a vender um total de 46 morcegos nos mercados locais em 22 ocasiões entre junho e julho de 1998 (Figura 4.2).

Figura 4.2: Grande colónia de empoleiramento de morcego frugívoro Fulvous em Tamil Nadu, Índia.

A caça e o declínio da população de morcegos frugívoros têm sido amplamente registados nas ilhas do Pacífico e no Sudeste Asiático e, em Taiwan, a caça intensiva resultou na extinção da raposa voadora de Formosan. Embora a raposa voadora indiana tenha sido referida como uma espécie comum6 , a sua população pode estar a diminuir em algumas zonas. Sem a realização de inquéritos sistemáticos e a monitorização de várias colónias em diversos Estados indianos, não será possível conhecer a situação exacta. Além disso, a lei indiana de proteção da vida selvagem considera todos os morcegos frugívoros como "vermes", pelo que estes mega-morcegos são "legalmente vulneráveis" à pressão da caça em zonas não protegidas. As raposas voadoras são, de facto, excelentes dispersores de sementes, polinizadores e indicadores da diversidade de habitats.

Quadro 4.1: Diminuição do tamanho da população em duas colónias de raposas voadoras durante 1997 e 1998

Location	Year	Sample size	Min.-Max.	Mean	S.D.	Wilcoxon Rank Test
Thalachangadu	1997	6	550-650	619.2	38.3	Z=2.865, p<0.01
Thalachangadu	1998	7	400-550	484.3	51.9	
Thirumangaichery	1997	6	870-1000	955.0	55.8	
Thirumangaichery	1998	7	700-850	768.6	55.5	Z=2.937, p<0.01

As colónias de colónias de raposas voadoras estão normalmente localizadas em estreita associação com povoações humanas e campos agrícolas (Quadro 4.2). Estes morcegos deixam o seu poleiro cerca de meia hora após o pôr do sol e partem para procurar alimento. Por vezes, os morcegos voam num determinado percurso e dão a volta para regressar ao seu poleiro e recomeçar. A sua alimentação é composta por frutos e flores. As partes moles são engolidas e os resíduos sólidos são eliminados.

Durante o meu estudo, registei 12 colónias de raposas voadoras. O tamanho da população variava entre 100 e 1250 indivíduos. A maioria das colónias foi observada no meio de campos de arroz, com o mínimo de perturbação por parte das pessoas. No entanto, uma colónia foi observada no meio de uma cidade movimentada, Chennai. A maioria das colónias (66,7%) preferiu empoleirar-se na árvore *Ficus benghalensis*, enquanto duas colónias preferiram *a F religiosa* e uma a *Madhuca indica.* As três espécies de árvores eram maiores do que outras na zona (25 m de altura). As duas primeiras estavam localizadas em bosques sagrados em terrenos agrícolas, pelo que os morcegos estavam protegidos dos caçadores. Os morcegos empoleiravam-se em árvores com alturas que variavam entre 6 e 20 m.

Quadro 4.2. Preferência diurna por poleiros da raposa voadora indiana em Tamil Nadu

Location of colony (vilage/District)	Roosting tree	Maximum population size	Min./Max. height Where bats roosted
Chenniyanallur (Nagai)	*Ficus benghalensis*	1120	8-15 m
Thalachangadu (Nagai)	*Ficus benghalensis*	650	8-15 m
Thirumangaichery (Nagai)	*Ficus benghalensis*	700	12-16 m
Maharajapuram (Tanjore)	*Ficus religiosa*	450	10-20 m
Solapuram (Tanjore)	*Ficus benghalensis*	800	14-18 m
Sakkottai (Tanjore)	*Ficus benghalensis*	1250	16-20 m
Parakalaikottai (Tanjore)	*Ficus benghalensis*	1200	15-20 m
Muthupetai (Thiruvarur)	*Avicennia marina.*	100	06-08 m
Peralam (Thiruvarur)	*Ficus benghalensis*	250	14-18 m
Sathiyam (South Arcot)	*Madhuca indica*	400	10-12 m
Metupalayam (Coimbator)	*Ficus religiosa*	780	15-20 m
Triplicane (Madras)	*Ficus benghalensis*	1000	15-20 m

Apenas uma pequena colónia se empoleirou numa árvore de mangue, *Avicenia marina.* Registámos acasalamentos entre julho e outubro. Os machos perseguem constantemente as fêmeas para a cópula e ambos os pares vocalizam durante a cópula. O período de gestação é de cerca de 150 dias. As mães carregam as crias durante algumas semanas enquanto andam à procura de alimento. A maioria das colónias que vimos situavam-se em aldeias e raramente vimos estas fascinantes criaturas em santuários de vida selvagem protegidos, como Megamalai, Point Calimere, Mudumalai, Anamalai, Pulicat, Vedanthangal e Mundanthurai. O estudo indica que as raposas voadoras se distribuem principalmente em terras agrícolas não protegidas. De facto, as aldeias e as zonas agrícolas ainda dominam a paisagem no sul da Índia, onde uma variedade de animais e plantas selvagens coexistem num ambiente em constante mudança. As colónias que vimos empoleiram-se principalmente em árvores *Ficus* situadas em bosques sagrados com pequenos templos de importância religiosa (Figura 4.3). A população local protege os bosques sagrados e os caçadores atrevem-se a entrar na zona. No entanto, são caçados durante a noite, enquanto procuram alimento longe dos seus poleiros.

Figura 4.3: Uma grande árvore *Ficus benghalensis* serve de bosque sagrado numa aldeia que abriga uma colónia de raposas voadoras em Tamil Nadu, na Índia.

Entre os 25 hotspots de biodiversidade, o Hotspot dos Ghats Ocidentais e do Sri Lanka foi considerado o mais densamente povoado, com 341 pessoas por km^2. Assim, a ameaça à biodiversidade é real e é necessário intensificar os estudos para documentar os vastos recursos biológicos da Índia. Quão difícil ou fácil é realizar tal tarefa? Mesmo os estudantes com uma pós-graduação em zoologia têm aparentemente dificuldade em identificar 5 a 10 espécies de aves, lagartos, peixes ou borboletas em conjunto, e temos assistido a uma situação semelhante em Taiwan e noutros locais. Isto deve-se ao facto de os estudantes não terem sido encorajados a olhar para as criaturas vivas que os rodeiam. Nesta situação obscura, a formação torna-se crucial para os estudantes e professores de biologia, para que possam contribuir significativamente para o inventário da biodiversidade. Por ocasião do centenário do nascimento de Salim Ali, a Academia Indiana de Ciências lançou o projeto "Lifescape", dirigido por Madha Gadgil, uma reputada conservacionista, para melhorar a qualidade do ensino das ciências e recolher dados fiáveis sobre a diversidade da vida, utilizando estudantes do ensino secundário, universitário e de pós-graduação, bem como professores. Este projeto merece certamente o apoio de todos os estudantes/professores de biologia de toda a Índia e, na verdade, este modelo poderia ser utilizado noutros hotspots biológicos do mundo para compilar eficazmente dados sobre a biodiversidade.

Embora a raposa-voadora indiana tenha sido registada como uma espécie comum em toda a Índia, a sua população parece estar a diminuir. Devido à falta de monitorização de várias colónias, a situação exacta pode não ser claramente conhecida. Por conseguinte, no futuro, mais estudos deveriam centrar-se na avaliação do estado destas majestosas criaturas, não só em Tamil Nadu, mas também noutras partes da Índia.

Referências sugeridas

Agoramoorthy, G. 2002. Rastos de morcegos. Down to Earth May: 46-48.

Bates, P. J. J., e Harrison, D. L., Bats of the Indian Sub-continent. Harrison Zoological Museum, Kent, 1997.

Koilraj, J.B., Agoramoorthy, G., e Marimuthu, G. 2001. Copulatory behavior of Indian flying fox (comportamento copulatório da raposa voadora indiana). Current Science 80: 15-16.

Capítulo 5 O morcego frugívoro de nariz curto fabricante de tendas

"Quanto mais pequena é a criatura, mais corajoso é o seu espírito" - Suzy Kassem

Introdução

O morcego-da-fruta de nariz curto pesa cerca de 50 g e o comprimento médio do antebraço é de cerca de 70 mm. Nos machos, a testa e o pescoço são laranja-escuro a castanho-acinzentado escuro. Nas fêmeas, o colarinho é geralmente acastanhado. Estes morcegos são comuns em Tamil Nadu. Vive em pequenas colónias de 4 a 15 indivíduos. Empoleiram-se em árvores como a palmeira palmyra, o coqueiro, a figueira-de-bengala e o peepal. O que é fascinante nesta espécie é o facto de um único macho adulto formar um harém de fêmeas, como acontece em várias espécies de macacos. O macho constrói a sua própria tenda com folhas para atrair as fêmeas e um único macho pode acomodar cerca de 25 fêmeas na sua tenda. O macho do harém nunca permite a entrada de machos rivais. Se entrarem intrusos, são expulsos.

Inquéritos de campo

O morcego frugívoro de focinho curto foi a espécie predominante e capturámos muitos morcegos durante os inquéritos com redes de neblina em várias partes de Tamil Nadu. Um total de 230 morcegos foram capturados e libertados ilesos durante uma única noite de redes de neblina entre janeiro e fevereiro de 1999 (Quadro 5.1). Estes morcegos foram capturados em diferentes habitats, desde campos de arroz a mangais, e quintas de cocos a florestas tropicais, em todo o Tamil Nadu.

Quadro 5.1: Morcego frugívoro de nariz curto *Cynopterus sphinx* capturado e libertado durante um inquérito mensal com redes de neblina (janeiro - fevereiro de 1999) em Tamil Nadu.

Location (village or town & district)	Total # of bats captured during surveys	Habitat type
Sirkali (Nagai)	32	Rice field
Mayiladuthural (Nagai)	26	Mango farm
Vedaranyam (Nagai)	21	Evergreen forest
Maharajapuram (Nagai)	26	Rice field
Solapuram (Tanjore)	19	Rice field
Sakkottai (Tanjore)	23	Rice field
Muthupetai (Tanjore)	24	Mangrove forest
Sathiyam (South Arcot)	04	Rice field
Vedanthangal (Kanchipuram)	22	Lagoon and rice field
Pulicat (Thiruvallur)	21	Mangrove forest
Mudumalai (Nilgiris)	05	Tropical rain forest
Mettuppalayam (Coimbator)	07	Coconut farm

Quadro 5.2: Medidas corporais de morcegos frugívoros de nariz achatado em Tamil Nadu

	Mass* (g)	Body length(cm)	tail	Hind foot	Ear	Forearm (mm)	Wing span (mm)
F(31)	51.4 ± 5.1	85.3 ± 12.0	16.3 ± 1.9	16.6 ± 1.8	19.3 ± 1.5	70.5 ± 1.8	463.7 ± 15.3
M(24)	51.8 ± 4.2	89.5 ± 12.3	15.4 ± 2.3	16.4 ± 1.7	19.5 ± 2.0	70.0 ± 2.0	467.7 ± 11.3
Mean	51.6 ± 4.7	87.1 ± 12.2	15.9 ± 2.1	16.5 ± 1.8	19.3 ± 1.8	70.3 ± 1.9	465.4 ± 13.7

*4 mulheres grávidas foram excluídas

Vi estes morcegos empoleirarem-se principalmente em palmeiras palmyra *(Borassus flabellifer)* e foram observados a fazer tendas nas folhas das palmeiras; cada árvore que observámos tinha 1-3 tendas com 5-10 indivíduos. Foram observadas marcas de dentes e garras em ambas as superfícies das folhas de palmeira e os morcegos modificavam as folhas mastigando as nervuras e também mastigavam a folha por baixo para formar as tendas. Estes morcegos não foram vistos a empoleirar-se em edifícios, casas ou templos abandonados. Os agricultores locais removem periodicamente as folhas densas das palmeiras para extrair vinho de palma (toddy), o que causa perturbações nos locais de repouso destes morcegos.

Quadro 5.3: Partes de plantas consumidas pelo morcego frugívoro de nariz curto, *Cynopterus sphinx*

Plant species name	Part(s) eaten
Madhuca indica	Fruit, nectar
Ficus benghalensis	Fruit
Ficus religiosa	Fruit
Musa paradisica	Fruit, nectar, young leaves
Polyalthia longifolia	Fruit
Calophyllus polyanthum	Fruit
Syzygium cumini	Fruit, young leaves
Bombax ceiba	Fruit
Psidium guoyava	Fruit, young leaves
Gardenia jasminoides	Nectar
Justicia gendarvssa	Fruit

1 estimaram a densidade populacional de morcegos frugívoros de focinho curto numa aldeia (Tirunagiri, distrito de Nagai) e encontraram um total de 216 palmeiras numa área de 1 km[1] ^{2}. Havia 119 machos, 76 fêmeas e 21 crias, respetivamente, durante o mês de abril de 1998. Os morcegos ocupavam apenas 10% das árvores, incluindo 13 fêmeas e 2 machos. A densidade média em Thirunagiri foi de 74 morcegos por km^{2}. Um total de 55 morcegos (24 machos e 31 fêmeas) foram também capturados mensalmente com redes de neblina em diferentes locais durante agosto-setembro de 1998 e março-maio de 1999. Não houve diferença significativa entre o sexo dos indivíduos e a massa corporal, o comprimento do corpo, a cauda, a pata traseira, a orelha, o antebraço e a envergadura (P>0,05; Tabela 5.2).

Figura 3.1: Um grupo de morcegos frugívoros de focinho curto fez uma tenda e descansou na tenda numa palmeira (em cima). Um bosque de palmeira Palmyra *(Borassus flabellifer)*, o habitat preferido dos morcegos frugívoros de nariz curto em Tamil Nadu, Índia.

Figura 5.2: As corujas são os predadores comuns das aves e podem apanhar tanto os morcegos frugívoros de nariz curto como todas as espécies de morcegos insectívoros (esquerda). Os restos alimentares de *Madhuca longifolia* recolhidos nos locais de repouso dos morcegos frugívoros de nariz curto. Estes morcegos transportam frequentemente os frutos para o local de repouso e, depois de comerem a polpa, deitam fora as sementes. Assim, desempenham um papel na dispersão de sementes (direita).

Além disso, capturámos crias com as suas mães durante os meses de março e abril (n=9) e também em setembro (n=5) em Thirunagiri, o que indica pelo menos duas épocas de nascimento (Figura 5.3). O período de gestação varia entre 115 e 125 dias.

Figura 5.3: Uma mãe morcego-da-fruta de nariz curto carregando um bebé antes de o libertar na natureza.

Estes morcegos produzem uma vocalização aguda audível ao ouvido humano e podem ser facilmente identificados quando se alimentam e voam à volta das árvores. Foram observados a alimentar-se de 11 espécies de plantas, principalmente de frutos e, ocasionalmente, de néctar e folhas (Quadro 5.3). Observou-se que os morcegos marcados transportavam frutos a uma distância de 100 a 2000 m dos locais de alimentação para os seus locais de repouso. Foi registado um caso de predação por coruja-das-torres *(Tyto alba)* durante o estudo às 21:30 horas. Os morcegos estavam a procurar alimento numa árvore de fruto *(Maduca indica)* e uma coruja-das-torres atacou um morcego em voo, levou-o na boca e acabou por comê-lo.

Referências sugeridas

Agoramoorthy, G., e Hsu, M. J. 2001. Predatory Attack on Bats by Barn Owl Tyto Alba and Shikra Accipiter Badius in Tamil Nadu State, South India. Journal of The Bombay Natural History Society 98: 107-108.

Agoramoorthy, G., e Hsu, M. J. 2004. Ocorrência de morcegos frugívoros de nariz curto Cynopterus Sphinx (Vahl) em aldeias do Estado de Tamil Nadu, Índia. Journal of The Bombay Natural History Society 101: 304-305.

Capítulo 6 O morcego frugívoro de Salim Ali, em perigo de extinção

"Quando alimenta a Natureza, a Natureza alimenta-o a si"- Donald Hicks

Introdução

A Índia é um dos 25 hotspots das eco-regiões mais ricas e altamente ameaçadas do mundo. Alberga também diversas espécies de quirópteros, num total de mais de cem, incluindo 12 morcegos frugívoros. O estatuto, a distribuição e a ecologia de várias espécies de morcegos são ainda mal conhecidos. Neste artigo, apresentamos dados sobre a população, a alimentação, o comprimento do antebraço e a massa corporal do morcego frugívoro de Salim Ali, *Latidens salimalii,* que é considerado um dos morcegos mais raros do mundo e a única espécie do género *Latidens.* Este morcego de tamanho médio foi recolhido pela primeira vez em 1948 por um naturalista britânico, Angus Hutton, que o identificou erradamente como sendo o morcego frugívoro de nariz curto, *Cynopterus sphinx*, de ocorrência comum. O espécime foi reexaminado por Kitty Thonglongya, que o reconheceu como uma nova espécie e lhe deu o nome em honra do lendário ornitólogo indiano, Dr. Salim Ali.

Entre 5 de julho de 1997 e 30 de dezembro de 1999, efectuámos levantamentos de campo para investigar a população, a distribuição e a diversidade de morcegos frugívoros como a raposa voadora, *Pteropus giganteus, o* morcego frugívoro de focinho curto, *Cynopterus sphinx* e o morcego frugívoro de Salim Ali, *Latidens salimalii*, no Estado de Tamilnadu, sul da Índia. Durante as prospecções, descobrimos pela primeira vez um local de empoleiramento em gruta do morcego frugívoro de Salim Ali e estimámos a dimensão da população utilizando contagens de poleiros e categorias (sexo e idade) na massa corporal (Figura 6.1).

Figura 6.1: Um morcego-da-fruta Salim Ali macho adulto capturado na floresta de Megamalai, em Tamil Nadu, antes de ser libertado na natureza pelo autor.

Além disso, foram efectuadas contagens visuais enquanto os morcegos emergiam, posicionando dois ou três observadores. Foi utilizada uma rede de neblina para capturar e libertar os morcegos e, para cada captura, foi fixada uma banda de asas e registada a localização, o tipo de habitat, a data, a hora, o sexo, a classe etária, o comprimento do antebraço e o peso corporal. As observações nocturnas de morcegos foram feitas ao luar e com luzes vermelhas fracas e os dados foram registados utilizando o método de amostragem de todas as ocorrências. Apresentámos todos os valores médios ± 1 desvio padrão. Todas as análises estatísticas foram efectuadas através do software Statistical Analysis System (SAS). Utilizámos a análise de covariância (teste *F* ANCOVA) no âmbito dos modelos lineares gerais para testar os efeitos da variável independente (comprimento do antebraço.

Tabela 6.1: Comprimento do antebraço e massa corporal do morcego frugívoro de Salim Ali.

Sex	Age	Forearm length (mm)		Body mass (g)		n
		Mean	SD	Mean	SD	
Male	Adult	69.38	1.54	77.50	6.83	16
	Sub-adult	66.33	2.89	59.67	6.81	3
Female	Adult	68.95	2.20	69.58	4.13	19
	Sub-adult	63.75	3.41	55.38	8.18	8
Total		68.02	3.06	69.22	9.97	46

Quadro 6.2: Origem das variações da massa corporal de *Latidens salimalii* a partir da análise de covariância (ANCOVA, o modelo linear geral do SAS)

Source of Variance	Degree of freedom	Mean Square	F Value	P value
Sex	1, 42	409.0	13.11	***
Age	1, 42	502.1	16.09	***
Forearm	1, 42	279.6	8.96	**
Total	3, 42	31.2	33.79	***

*** P<0,001, ** P<0,005

Um total de 46 indivíduos (19 machos e 27 fêmeas) foram capturados perto de uma propriedade de café e cardamomo, a uma altitude de cerca de 1000-1175 m, adjacente à reserva florestal de Megamalai. Foram efectuadas medições do peso corporal e do antebraço de todos os morcegos capturados (Quadro 6.1). Os morcegos foram libertados no espaço de 5 minutos após a captura para minimizar o stress. Foram capturados mais morcegos entre a meia-noite e antes do amanhecer e outro pequeno pico de captura ocorreu logo após o pôr do sol (Fig. 6.2). A maioria dos juvenis foi capturada entre as 03:00 e as 05:00 horas. O rácio entre os sexos dos adultos foi de 1: 1,19 (16 machos adultos/19 fêmeas adultas), o que não foi significativamente diferente do rácio 1:1 (teste de adequação X^2, p>0,05).

As fêmeas foram mais pequenas do que os machos (Tabela 6.1) e houve uma diferença significativa na massa corporal adulta de machos e fêmeas (teste de classificação de Wilcoxon, P<0,001). No entanto, não houve diferença significativa no comprimento do antebraço dos adultos do sexo masculino e feminino (teste de Wilcoxon, P>0,80). Houve uma correlação positiva entre o comprimento do antebraço e a massa corporal de todos os morcegos (Coeficiente de Correlação de Spearman=0,559, p<0,001, Fig. 6.3). O Modelo Linear Geral através da análise de covariância revelou que o sexo, a idade e o comprimento do antebraço tiveram efeitos significativos na massa corporal de *L. salimalii* (R^2= 0,71, $F_{3, 42}$ = 33,79, p<0,001). A interação entre o sexo e a idade não desempenhou um papel significativo (P>0,15) na massa corporal, pelo que a interação foi eliminada do modelo de análise final (Quadro 6.2). A média dos mínimos quadrados da massa corporal entre adultos do sexo masculino e do sexo feminino, depois de ajustado o comprimento do antebraço em função do sexo e da idade, a diferença continuou a ser significativa e a massa corporal dos machos foi superior à das fêmeas (machos 75,87 ±1,47 em comparação com as fêmeas 68,46g ±1,31, P<0,001).

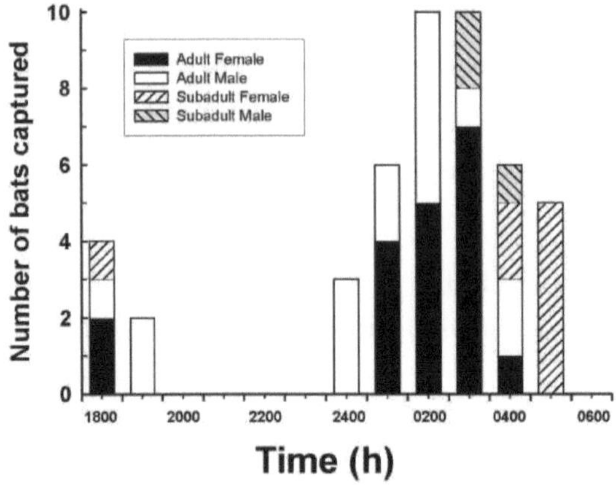

Figura 6.2: Número de *Latidens salimalii* capturados com redes de neblina perto da floresta de Megamalai.

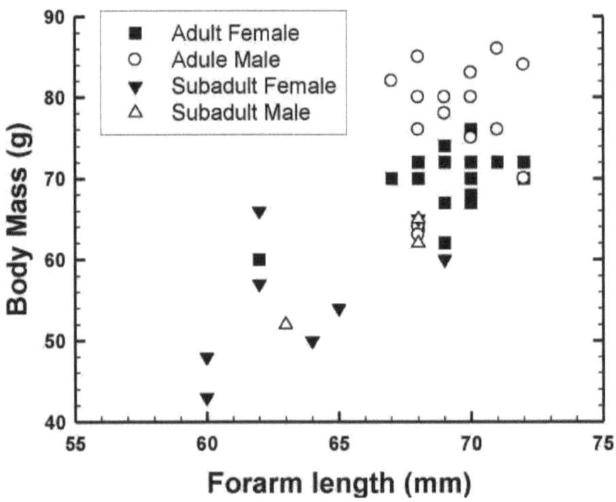

Figura 6.3: Relações entre o comprimento do antebraço e a massa corporal de *Latidens salimalii* em função do sexo e dos grupos etários.

Estes morcegos foram observados durante o dia no interior de uma gruta em forma de funil que media 10 m na sua maior profundidade e a entrada tinha 7 m na sua maior largura que se estreitava lentamente até 1 m na extremidade interior. Contámos um total de cerca de 250 indivíduos de *Latidens salimalii* quando saíram da gruta ao disco. Os morcegos foram vistos colhendo frutos da floresta e levando-os para dentro das cavernas para consumo. Cada indivíduo estava espaçado num raio de 10 cm, aparentemente para evitar o confronto com outros morcegos. Um dos morcegos anelados mostrou uma preferência especial pelo local de alimentação e voltou com frutos para o mesmo sítio seis vezes no espaço de duas horas. Também observámos estes morcegos a colher frutos e a comê-los fora da gruta, enquanto descansavam numa árvore.

Observações diretas e a análise de restos de frutos por baixo revelaram a presença de pelo menos três espécies de figos como *Ficus daldotii, F. macrocarpa* e *F racemosa*, bem como de outras plantas como *Eleocarpus oblongus, Diospyros ovaliflora* e *Prunus ceylanicus* na sua dieta. Também observámos nozes de uma planta não identificada espalhadas por baixo dos locais de repouso com buracos profundos de caninos em ambos os lados da noz relativamente grande, aparentemente para escavar as suas partes interiores macias. Os frutos secos possivelmente esmagados por *Latidens salimalii* mediam 22,4-32,2 mm de comprimento, 17,4-24,9 mm de largura e tinham uma espessura de pelo até 4,1 mm - os frutos secos eram extremamente duros e difíceis de penetrar, mesmo com uma faca.

De acordo com relatórios anteriores, a dentição destes morcegos assemelha-se muito à do *Penthetor lucasi* do Sudeste Asiático, uma espécie conhecida por se alimentar de uma grande variedade de frutos duros e sementes, e também à do *Thoopterus nigrescens* da Indonésia, que se alimenta de figos selvagens, que parece ser semelhante ao *Latidens salimalii.* Para além de comerem frutos moles

O morcego frugívoro de Salim Ali pode também alimentar-se de frutos secos de casca dura, mas são necessárias mais observações para o comprovar. Os dados de captura anteriores para esta espécie mostraram apenas 3 fêmeas adultas e 22 machos adultos, com um rácio de sexo adulto de 1:0,14, o que é tendencialmente masculino. Além disso, o registo mais elevado de capturas do estudo anterior concentrou-se por volta das 20:00

horas, tendo depois diminuído gradualmente e não tendo sido encontrada qualquer atividade após as 02:00 horas. Em contraste, os nossos dados indicam que os morcegos estiveram activos entre as 02:00 e as 04:00 horas e que a proporção entre os sexos dos adultos capturados foi próxima de 1:1, o que é a norma para as espécies de mamíferos. A massa corporal dos morcegos no nosso estudo era também ligeiramente mais pesada do que no estudo anterior, mas os dados sobre o comprimento do antebraço e a dieta eram semelhantes aos de estudos anteriores.

No passado, os trabalhadores das plantações costumavam apanhar estes morcegos, bem como o langur de Nilgiri *Trachypithecus johnii* e o macaco de cauda de leão *Macaca silenus* para se alimentarem, uma vez que se acredita que a carne de morcego e de macaco tem propriedades medicinais para curar doenças respiratórias. Vimos ambas as espécies de macacos perto do local de repouso da gruta. No entanto, os proprietários e os trabalhadores das plantações aperceberam-se da importância da conservação destas espécies raras e devem protegê-las. O local está bem escondido, longe dos turistas e de outras aldeias, e tem um acesso restrito, o que naturalmente protege os morcegos e macacos em perigo de extinção - não prevemos quaisquer ameaças imediatas à sua sobrevivência. Além disso, um único exemplar de *Latidens salimalii* foi recolhido num local diferente da floresta de Kalakkad-Mundanthurai, no Estado de Tamilnadu, o que indica que esta espécie pode ocorrer noutras áreas do sul da Índia. Por conseguinte, é crucial realizar estudos exaustivos para avaliar a população exacta e a distribuição precisa destes morcegos raros.

Figura 6.4: Habitat de floresta tropical do morcego frugívoro de Salim Ali na reserva florestal de Megamalai, Estado de Tamil Nadu, Índia.

Os morcegos frugívoros são excelentes dispersores de sementes, polinizadores e indicadores da diversidade de habitats (Figura 6.4). Embora os morcegos frugívoros pareçam danificar os pomares, ainda não existem dados quantitativos sobre a extensão dos danos causados pelos morcegos às culturas de rendimento na Índia. Nos Estados de Tamilnadu e Kerala, no sul da Índia, os elefantes e os javalis causaram danos significativos às culturas agrícolas, para além de danos menores causados por espécies como o langur de Hanuman, o macaco de capuchinho, os porcos-espinhos, o gaur, o veado que ladra, o veado-rato, a lebre de nuca negra, o esquilo gigante do Malabar e a galinha-d'angola. Os grandes mamíferos glamorosos, como os elefantes, os rinocerontes, os leões e os tigres, têm merecido uma atenção considerável em termos de conservação na Índia nas últimas três décadas, mas os morcegos menos atractivos têm sido, até agora, negligenciados. Devido à sua distribuição restrita e à pequena dimensão da sua população, o morcego frugívoro de Salim Ali merece mais atenção em termos de proteção, bem como de sensibilização para a conservação junto das comunidades locais do sul da Índia.

Referências sugeridas

Agoramoorthy, G. & Hsu, M.J. 2001. Facts on Bats: An Introduction to the Bats of Tamil Nadu. Fundação SMGM, Sirkali, Índia.

Agoramoorthy G. & Hsu, MJ. 2005. Population size, feeding, forearm length and body weight of a less known Indian fruit bat. Current Science, 88: 354-356.

Bat Conservation International. http://www.batcon.org/batsmag/v13n2-5.html

Lista Vermelha da IUCN, 2015. www.redlist.org

Nowak, R.M. Walker's Mammals of the World. http://www.press.jhu.edu.

Capítulo 7 Agradecimentos

"A gratidão dá sentido ao nosso passado, traz paz para o dia de hoje e cria uma visão para o futuro."- Melody Beattie

Estou em dívida para com o fundo da minha família, a SM Govindasamy Nayakkar Memorial Foundation, dedicada à conservação da vida selvagem em Tamil Nadu. Fundei o fundo em 1995 para homenagear o meu pai, o falecido Shri SM Govindasamy Nayakkar, e o fundo promove a conservação da vida selvagem.

Agradeço ao Comité Neerlandês da IUCN, à FFI e a numerosos eco-voluntários pelo seu generoso apoio ao trabalho de conservação dos morcegos. Agradeço aos amigos da propriedade de chá (DG Hegde, VS Rao, M Ravindran, R Sheriff, U Shankar e A Sanadi), do TNFD (R Sundararaju, S Ramanathan e RPS Katwal), da propriedade de café (S Murugan e J Kurula) e dos locais de campo (G Natarajan, V Rajan, K Ramalingam, G. Marimuthu, J Koilraj, M Balu, S Kayarohanam, V Tanihamani e S Baskar) pelo seu amável apoio. Agradeço também a P Bates, W Bogdanowicz, W Bergmans, R Cosijn, A Hutson, P Kohne, P Lina, R Mies, N Thomas e D Wilson pelo seu apoio.

Finalmente, agradeço a Minna Hsu pelo seu encorajamento e discussões durante as várias visitas de campo à Índia para observar morcegos.

MIX
Papier aus verantwortungsvollen Quellen
Paper from responsible sources
FSC® C105338

Printed by Books on Demand GmbH, Norderstedt / Germany